런런 옥스퍼드 수학

KB130607

4권

문제 해결

안녕!
나는 에니그마.

안녕!
나는 스파이크야.

차례

자릿값 문제

기억하자!

자릿값은 숫자가 있는 자리에 따라 정해지는 값이에요. 수의 각 자리마다 나타내는 값이 다르기 때문에 같은 숫자라도 어느 자리에 있느냐에 따라 값이 달라져요.

1 화살표가 가리키는 곳에 들어갈 알맞은 수를 쓰세요.

9700 ↑ ☐ ↑ ☐   ↑ ☐ 9900

2 만의 자리 수와 백의 자리 수를 더하면 일의 자리 수와 같아지는 수를 찾아 ◯표 하세요.

128706   169108   145397

3 아래와 같이 나타낸 수를 보고 물음에 답하세요.

100000의 자리	10000의 자리	1000의 자리	100의 자리	10의 자리	1의 자리
●●● ●●	●●●● ●●		●●	●●● ●●● ●	●● ●

1 위 수보다 110만큼 더 큰 수는 무엇인가요?   ☐

2 위 수보다 11000만큼 더 큰 수는 무엇인가요?   ☐

3 각 자리의 수에 1씩 더하면 어떤 수가 되나요?   ☐

4 빈칸에 알맞은 수를 쓰세요.

643921   642921   ☐   640921   ☐

한 칸에 얼마씩 작아지고 있니?

5 올리비아가 어떤 수에 10000을 더하고 100000을 뺀 다음 다시 1000000을 더하고 100을 뺐더니 7388262가 되었어요. 처음의 수는 얼마였을까요?   ☐

음수 문제

기억하자!
음수는 0보다 작은 수예요.
예) −0.5

1 규칙을 생각해 보고 잘못된 수에 ◯표 하세요. 빈칸에
올바른 수를 써 보세요.

1 7 3 −1 −5 −9 −14 −17 　　올바른 수는? ☐

2 −12 −9 −6 −3 −1 3 6 　　올바른 수는? ☐

---

2 두 친구의 대화를 보고 물음에 답하세요.

음수 12보다 6만큼 더 작은 수는 음수 6이야.

아니야. 음수 18이야.

칼리　　　　필립

어떤 친구의 말이 맞나요? _____

---

3 덧셈을 이용하여 표를 완성하세요.

+	−3	−1	2	3
−4		−5		
−2				
−1			1	

---

4 규칙을 찾아 빈 곳에 알맞은 수를 쓰세요.

18 13 8 3 −2 _____ _____ _____

기억하자!
수와 수 사이가 몇씩 작아지는지
알아보세요.

---

5 다음 표는 과학 실험에 사용되는
액체의 온도예요. 다음 물음에
답하세요.

액체 A	50.5℃
액체 B	−25.0℃
액체 C	15.5℃

1 액체 A는 액체 B보다 온도가 얼마나 더 높나요? _____ ℃

2 액체 C의 온도가 20℃ 더 떨어졌어요.
액체 C의 온도는 얼마인가요? _____ ℃

잘했어!

칭찬 스티커를
붙이세요.

체크! 체크!
양수에서 음수로, 음수에서 양수로 수를 셀 때 0을 세는 것을 잊지 마세요. ☐

문제를 다 푼 다음, 32쪽으로!

반올림 문제

1 반올림 문제를 풀어 보세요. 반올림하여 십의 자리까지 나타냈더니 2390이 된 수가 있어요.

기억하자!
반올림은 구하려는 자리 바로 아래의 숫자가 0, 1, 2, 3, 4이면 버리고 5, 6, 7, 8, 9이면 올려요.

1 2390이 될 수 있는 가장 큰 수를 쓰세요.

2 2390이 될 수 있는 가장 작은 수를 쓰세요.

2 덧셈의 각 수를 반올림하여 천의 자리까지 나타낸 다음 계산해 보세요.

$$52134 + 47959$$

반올림하여 천의 자리까지 나타내려면 백의 자리 숫자를 봐야 해.

☐ + ☐ = ☐

3 고래의 무게를 반올림하여 표를 완성하세요.

이름	무게(kg)	반올림하여 10000의 자리까지	반올림하여 1000의 자리까지	반올림하여 100의 자리까지
남방긴수염고래	45000			
망치고래	11380			
범고래	3988			

4 왼쪽의 수가 오른쪽의 수가 되려면 어떻게 반올림해야 할까요? 알맞게 선으로 이어 보세요.

63455	반올림하여 백의 자리까지	63000
25290	반올림하여 십의 자리까지	25300
17401	반올림하여 천의 자리까지	20000
89123	반올림하여 만의 자리까지	89120

5 다음 글을 읽고 물음에 답하세요.

1 마라톤에 참가한 사람 수를 반올림하여 10000의 자리까지
나타냈더니 약 80000명이었어요. 마라톤에 참가한 사람 수가
가장 많은 경우는 몇 명인가요?

 명

2 해피 장난감 가게에서는 4420000원을 벌었고, 럭키 장난감 가게에서는 3750000원을 벌었어요.
두 가게에서 번 돈을 합하면 모두 얼마인가요? 반올림하여 100000의 자리까지 나타내세요.

명 원

6 백만에 가장 가까운 수를 찾아 빈칸에 쓰세요.

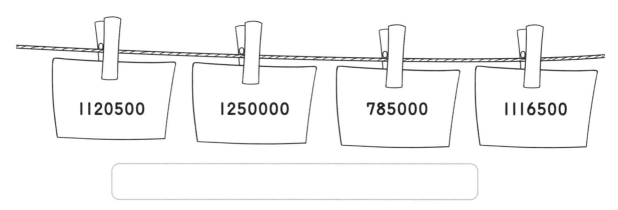

1120500   1250000   785000   1116500

7 다음은 세 도시의 인구수예요. 빈칸에 알맞은 수를 쓰세요.

1

도시	반올림하여 이 되는 수 중 가장 작은 수	반올림하여 10000의 자리까지 나타낸 인구수	반올림하여 이 되는 수 중 가장 큰 수
첼튼엄	115000	120000	
셰필드		600000	604999
맨체스터		2450000	

2 세 도시의 인구의 합을 반올림하여 백만 자리까지 나타내세요.

명

잘했어!

칭찬 스티커를
붙이세요.

체크! 체크!
나타내려고 하는 자리를 잘 확인하여 올리거나 버렸나요? ☐

덧셈 문제

기억하자!
큰 수의 계산을 할 때에는 세로셈으로 하는 것이 좋아요. 받아올림에도 주의하세요.

1 두 끈을 겹치지 않게 연결하면 몇 mm인가요?

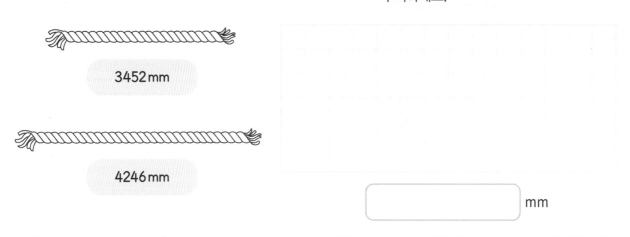

3452 mm

4246 mm

[   ] mm

2 다음 문제를 풀어 보세요.

1 프란체스카는 통장에 19726원을 가지고 있었어요. 그런데 이번 달에 4218원을 넣었어요. 이번 달 프란체스카의 통장에 있는 돈은 얼마가 되었나요?

[   ] 원

2 연못에 193785L의 물이 있었어요. 그런데 비가 와서 26035L가 더해졌어요. 연못의 물은 모두 몇 L가 되었나요?

[   ] L

모눈을 이용해서 세로셈으로 계산해 봐.

도전해 보자!

목성의 둘레는 439264km이고 토성의 둘레는 378675km예요. 목성과 토성의 둘레를 합하면 몇 km일까요?

[   ] km

3 덧셈을 이용하여 다음 문제를 풀어 보세요.

다음 표는 어느 해의 세계 여러 도시의 전기 자동차 수예요.

도시	런던	파리	마드리드	로마	스톡홀름	베를린	빈	아테네
전기 자동차 수(대)	3059410	1056695	750243	328708	234011	2004256	407391	196083

1 마드리드와 로마에는 몇 대의 자동차가 있나요?

[   ] 대

2 "파리와 베를린의 자동차 수를 더한 것보다 런던의 자동차 수가 더 많아."라고 프레이저가 말했어요. 프레이저의 말이 맞나요, 틀리나요?

_____

3 두 도시의 자동차 수를 더했더니 3466801대였어요. 두 도시는 어디 어디인가요?

_____

_____

4 자동차 수가 적은 순서대로 세 도시를 찾아 자동차 수를 모두 더하면 몇 대인가요?

[   ] 대

체크! 체크!

세로셈을 할 때 자리를 잘 맞추어 썼나요? [ ]

칭찬 스티커를 붙이세요.

문제를 다 푼 다음, 32쪽으로!

뺄셈 문제

1 셉의 고양이가 사미라의 고양이보다 몇 kg 더 무거운가요?

셉의 고양이   사미라의 고양이

[   ] kg

---

2 다음 문제를 풀어 보세요.

1 대니얼은 2009년에 태어났어요. 대니얼의 엄마는 대니얼보다 33년 먼저 태어났어요. 그리고 대니얼 할머니는 대니얼 엄마보다 28년 먼저 태어났어요. 대니얼 할머니는 몇 년에 태어났을까요?

[   ] 년

2 장난감 자동차가 22570원이에요. 그런데 주인아저씨가 3750원 깎아 주셨어요. 자동차는 얼마에 살 수 있을까요?

[   ] 원

도전해 보자!

3333에서 어떤 수를 뺐더니 답이 세 자리 수가 되었어요. 어떤 수가 될 수 있는 수 중 가장 작은 수는 무엇인가요?

[   ]

두 수의 차는 가장 큰 세 자리 수가 되어야 해. 가장 큰 세 자리 수가 무엇인지 먼저 생각해 봐.

3 뺄셈을 이용하여 다음 문제를 풀어 보세요.

기억하자!
세로셈을 할 때 자리를 잘 맞추어 쓰고 계산해야 한다는 것을 꼭 기억하세요.

67039   9196   41208   950617   3821   26178

464510

1 수의 차가 25831인 두 도형은 무엇과 무엇인가요?

반올림한 다음 어림하여 생각하면 두 수를 쉽게 찾을 수 있어. 그런 다음 정말 맞는지 계산하여 확인해 보면 돼.

_____

_____

2 평행사변형의 수에서 사다리꼴의 수를 뺀 다음 또 원의 수를 빼면 얼마인가요?

3 가장 큰 수와 두 번째로 큰 수의 차는 오십만보다 커요. 이 말이 맞을까요?

도전해 보자!

위 도형의 수 중 가장 작은 여섯 자리 수와 가장 작은 다섯 자리 수의 차를 구하세요. 그런 다음 가장 작은 네 자리 수를 빼면 얼마인가요?

칭찬 스티커를 붙이세요.

체크! 체크!
받아내림을 정확하게 했나요? ☐

문제를 다 푼 다음, 32쪽으로!

덧셈과 뺄셈 문제

1 빈칸에 <, > 또는 =를 알맞게 쓰세요.

기억하자!
소수점을 기준으로 같은 자리끼리 줄을 맞추어 세로로 쓰고 계산해 보세요.

10.78 + 10.52 ☐ 42.6 − 21.2

2 아래 식이 참이 되도록 빈칸에 알맞은 수를 쓰세요.

기억하자!
거꾸로 생각해 봐도 좋아요. 10000에 얼마를 더하고 그 수를 어떤 두 수의 합으로 나타내는 거예요.

☐☐☐☐ + ☐☐☐☐ − ☐☐☐ = 10000

3 덧셈과 뺄셈을 이용하여 다음 문제를 풀어 보세요.

1 자이언트판다의 몸무게가 85635g이었는데 2462g 빠졌어요. 다음 주에 다시 1034g 쪘다면 자이언트판다의 몸무게는 몇 g일까요?

2 헤더가 10km 달리기를 하고 있는데 4395m를 달리고 한 번 쉬고 다시 3557m를 달리고 또 쉬었어요. 남은 거리는 몇 m일까요?

☐ g

☐ m

3 우산 공장에서 우산을 만들어요.
2020년에는 258320개를 만들었고
2021년에는 2020년보다 15410개 더 적게
만들었어요. 그리고 2022년에는 2021년보다
29560개 더 많이 만들었어요. 2022년에
만든 우산은 몇 개일까요?

☐ 개

4 벨라가 어떤 수에서 43571을 뺀 다음
56321을 더했더니 632350이 되었어요.
벨라가 처음에 생각한 수는 얼마일까요?

☐

모눈종이를 사용해서
계산하면 틀리지 않고
할 수 있어.

5 1999년에 영국 서니빌의 인구는
2300450명이었어요. 2009년에 540300명
줄었다가 2019년에 다시 1070950명
늘었어요. 2019년의 인구는 몇 명이었을까요?

☐ 명

도전해 보자!

제주도까지 가는 비행기 요금이
155295원이고 더 넓은 자리는 추가로
27695원을 더 내야 해요. 그런데
오늘은 요금을 10% 할인해 준대요.
오늘 더 넓은 자리의 비행기로 제주도에
가는 요금은 얼마일까요?

☐ 원

10%가 얼마인지 알려면
요금 합계를 10으로
나누어 보면 돼.

칭찬 스티커를
붙이세요.

체크! 체크!
덧셈과 뺄셈을 올바른 순서로 했나요? ☐

문제를 다 푼 다음, 32쪽으로!

곱셈 문제

1 다음 문제를 풀어 보세요.

기억하자!
이미 알고 있는 간단한 지식을 사용해 더 어려운 문제를 풀 수 있어요.
예) 7 × 4 = 28
    70 × 40 = 2800

1 1시간은 60분이에요. 12시간은 몇 분일까요?

[   ] 분

2 아마리가 이렇게 말했어요. "8의 7배는 56이야. 그럼 5600을 만들려면 70에 얼마를 곱해야 할까?" 답은 무엇인가요?

[   ]

> 답은 여러 개야.
> 몇 개나 찾았니?

3 제스가 1000보다 큰 네 자리 수에 80보다 작은 두 자리 수를 곱했더니 84000이 되었어요.
제스가 처음 생각한 수는 얼마일까요?

[   ] × [   ] = [**84000**]

4 어느 학교에는 반이 15개 있고 한 반에는 학생이 30명 있어요. 이 학교 학생은 모두 몇 명일까요?

[   ] 명

5 베다니는 정구각형 모양의 공원 둘레를 한 바퀴 돌았어요. 베다니가 돈 거리는 몇 m인가요?

[   ] m

75 m

6 물병 하나에 물이 350mL 들어 있어요. 물병 200개에 들어 있는 물은 모두 몇 L일까요?

[   ] L

2 곱셈을 이용하여 다음 문제를 풀어 보세요.

1년은 보통 365일이야.
윤년은 하루가 더 있고.

1 잭은 매일 4km를 달려요.
일 년 동안 달리면 몇 km를
달릴까요?

[   ] km

2 스파이 두 명이 암호를 풀고 있어요. 자물쇠를 열 수 있는 20자리 수를 찾는 거예요.
자물쇠 위에 있는 수와 아래에 있는 수를 곱한 값을 자물쇠에 쓰면 20자리 수를 찾을 수 있어요.
자물쇠에 알맞은 수를 쓰세요.

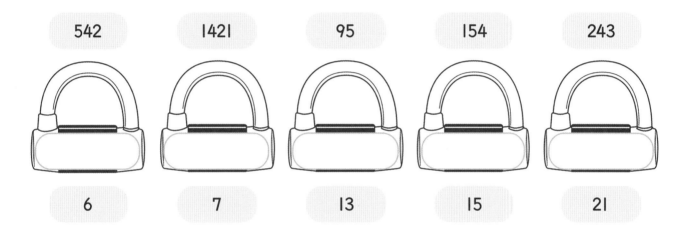

| 542 | 1421 | 95 | 154 | 243 |
| 6 | 7 | 13 | 15 | 21 |

체크! 체크!
자리를 잘 맞추고 올림을 잘했나요?   □

칭찬 스티커를
붙이세요.

문제를 다 푼 다음, 32쪽으로!

나눗셈 문제

1 나눗셈을 이용하여 다음 문제를 풀어 보세요.

기억하자!
약수와 배수를 생각하며 풀어 보세요.

1 리디아가 "660÷11은 630÷9보다 작아."라고
말했어요. 리디아 말이 참인가요?

_____

2 대왕 도넛 12개가 들어 있는 상자의 무게가 3600g이에요.
대왕 도넛 한 개의 무게는 몇 g일까요?

[　　　　　] g

3 아래 그림과 같은 축구장의 넓이가 6300m²예요.
축구장의 세로의 길이는 몇 m일까요?

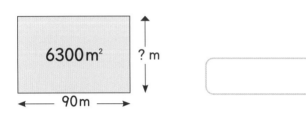

6300m²　　? m
← 90m →

[　　　　　] m

계산을 쉽게 하기 위해 0을
없앴다면 답에 반드시 0을 다시
넣어야 한다는 것을 잊지 마.

4 재스민이 운동장을 7바퀴 도는 데 840초 걸렸어요.
운동장을 한 바퀴 도는 데 걸린 시간은 몇 분일까요?

[　　　　　] 분

5 부피가 42cm³인 직육면체가 있어요.
이 직육면체의 밑면의 가로가 2cm,
높이가 3cm라면 밑면의 세로는
몇 cm일까요?

[　　　　　] cm

6 빈칸에 알맞은 수를 쓰세요.
나머지는 없어요.

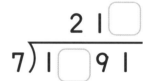

2 1 ☐
7) 1 ☐ 9 1

2 나눗셈을 이용하여 다음 문제를 풀어 보세요.

기억하자!
모눈종이를 이용해 줄을
잘 맞추어 쓰고 나눗셈을
해 보세요.

1 버티는 쿠키 반죽 770g으로 쿠키 11개를 만들었어요. 에이비는
쿠키 반죽 840g으로 쿠키 12개를 만들었어요. 누가 만든 쿠키
한 개가 더 무거울까요? 알맞은 친구 이름에 ○표 하세요.

버티
에이비
같음.

2 이사벨라는 어떤 수의 반을 6으로 나누었어요. 그런데 실수를 했어요.

$$6)\overline{14 \cdot 34}^{\,2 \cdot 54}$$

바르게 계산하면 몫은 얼마인가요?

이사벨라가 처음에 생각한 어떤 수는 얼마인가요?

도전해 보자!

수키네 집은 나탈리네 집에서 4356m 떨어진 곳에 있어요. 마리암의 집은 수키와 나탈리네 집 중간에 있고요. 또 피파네 집은 수키와 마리암네 집 사이 거리의 $\frac{1}{3}$ 지점에 있어요.

수키　　　　피파　　　　　　마리암　　　　　　　　　나탈리

나탈리네 집과 마리암네 집 사이의 거리는 얼마인가요? ⬚ m

수키네 집과 피파네 집 사이의 거리는 얼마인가요? ⬚ m

체크! 체크!
줄을 잘 맞추어 세로셈으로 계산했나요? ☐

나눗셈의 몫을 나누는 수와 곱해
답이 맞았는지 확인해 봐.

칭찬 스티커를
붙이세요.

문제를 다 푼 다음, 32쪽으로!

곱셈과 나눗셈 문제

1 다음 문제를 풀어 보세요.

1 컵케이크 15개를 만드는 데 밀가루 651g, 설탕 348g이 필요해요.
해리가 컵케이크 5개를 만들려고 해요. 그래서 재료가 $\frac{1}{3}$ 만
필요해요. 밀가루와 설탕은 각각 얼마나 필요할까요?

밀가루 [ ] g   설탕 [ ] g

2 미키와 오어가 자전거를 탔어요. 미키는 1년에 1086km를 탔어요.
오어는 미키가 탄 거리의 $\frac{1}{6}$ 만큼 더 많이 탔어요.
오어가 자전거를 탄 거리는 얼마인가요?

먼저 나눗셈을 하고
그다음 덧셈을 해야 해.

[ ] km

3 가구 가게에서 가구를 할인해서 팔아요.
헤더는 소파 하나와 의자 하나를 사려고 해요.
헤더는 얼마를 내야 하나요?

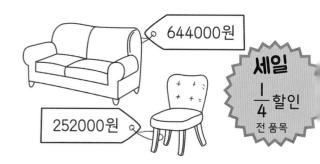

644000원

세일
$\frac{1}{4}$ 할인
전 품목

252000원

[ ] 원

2 다음 문제를 풀어 보세요.

기억하자!
어떤 수의 10%를 구하려면 10으로 나누면 돼요. 또 어떤 수의 5%를 구하려면 10으로 나누고 또 2로 나누면 돼요.

1 32m인 끈을 25% 잘라 냈어요. 끈의 길이는 얼마가 되었을까요?

[   ] m

2 조조는 첫 번째 수학 시험에서 80점을 받았고 두 번째 수학 시험에서는 그보다 15% 더 높은 점수를 받았어요. 조조의 두 번째 수학 시험 점수는 몇 점일까요?

[   ] 점

3 해리가 요리를 해요. 그릇에 설탕 14.9g을 넣었다가 부족하여 8.9g을 더 넣었어요. 그런데 또 너무 많은 것 같아 10%를 뺐어요. 그릇에 있는 설탕은 몇 g인가요?

[   ] g

4 조잉크라는 별에 포잉크와 모잉크라는 외계인 친구가 살아요. 포잉크의 키는 52cm이고 모잉크는 포잉크 키의 75%만큼 더 커요. 모잉크의 키는 얼마인가요?

75%는 $\frac{3}{4}$과 같아. 그래서 4로 나눈 다음 3을 곱하면 돼.

모잉크   포잉크

[   ] cm

칭찬 스티커를 붙이세요.

문제를 다 푼 다음, 32쪽으로!

소수 문제 (1)

기억하자!
소수의 덧셈과 뺄셈을
세로셈으로 할 때 소수점의
위치를 잘 맞춰야 해요.

1 스티커에 있는 수를 한 번씩만 사용하여 아래 식의 답이
1과 가장 가까운 수가 되도록 하세요.

2 참인지, 거짓인지 알맞은 것에 ○표 하세요.

1	0.25 + 0.32 = 0.67	참	거짓
2	0.68 − 0.24 > 0.75 − 0.33	참	거짓
3	0.81 + 0.33 < 0.85 − 0.01	참	거짓

3 다음 문제를 풀어 보세요.

1 엠마는 설탕을 0.379kg 가지고 있어요.
설탕이 1kg이 되려면 얼마나 더 있어야
할까요?

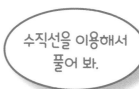
수직선을 이용해서
풀어 봐.

0.379   1.000

[   ] kg

2 양동이에 물이 45.75L 있었어요. 이 양동이를 햇볕에 두었더니 물이 12.96L 증발했어요.
양동이에 남아 있는 물은 얼마인가요?

[   ] L

문제를 다 푼 다음, 32쪽으로!

4 벌집의 맨 위 칸의 수는 아래 두 칸에 있는 수의 합이에요. 벌집의 빈칸에 알맞은 소수를 쓰세요.

기억하자!
덧셈이나 뺄셈을 이용하여 문제를 풀어 보세요. 계산할 때 필요하면 다른 종이를 사용해도 좋아요.

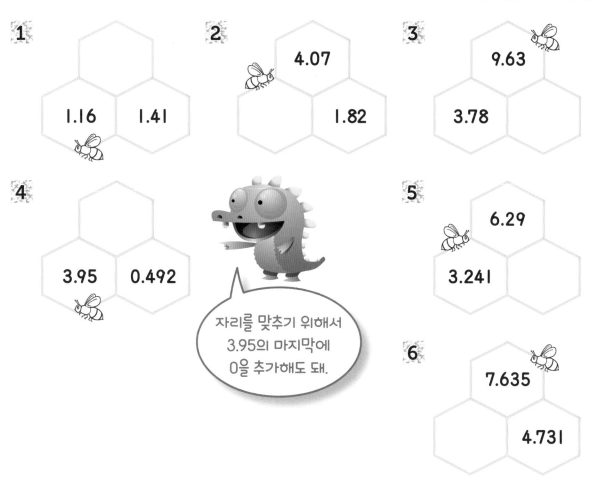

1
1.16   1.41

2
4.07
1.82

3
9.63
3.78

4
3.95   0.492

자리를 맞추기 위해서 3.95의 마지막에 0을 추가해도 돼.

5
6.29
3.241

6
7.635
4.731

5 4번과 같은 규칙으로 꿀벌이 여왕벌에게 갈 수 있도록 빈칸에 알맞은 소수를 쓰세요.

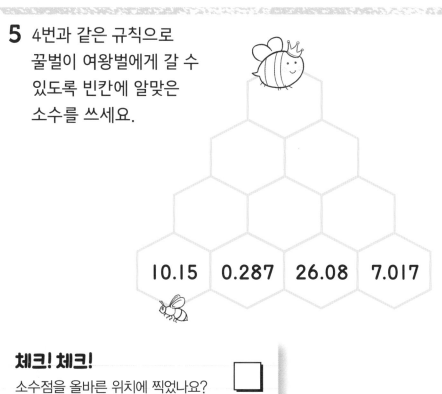

10.15   0.287   26.08   7.017

잘했어!

칭찬 스티커를 붙이세요.

체크! 체크!
소수점을 올바른 위치에 찍었나요? ☐

소수 문제 (2)

1 다음 문제를 풀어 보세요.

1 로건이 93.45m를 달렸다가 거꾸로 49.29m를 돌아왔어요. 로건은 달리기 시작한 곳에서 얼마나 떨어진 곳에 있나요?

2 밀가루 한 봉지는 129.5g이에요. 밀가루 여섯 봉지는 몇 g인가요?

[ ] m

[ ] g

3 자이나브는 리본 88.4m를 가지고 있었어요. 이 리본을 반으로 나누어 하나는 친구를 주고 나머지 하나에서는 39.5m를 잘라 선물을 포장했어요. 자이나브에게 남은 리본의 길이는 얼마인가요?

[ ] m

도전해 보자!

숫자 카드를 한 번씩만 사용하여 아래 계산의 합이 100이 되도록 하세요.

| 1 | 3 | 5 | 8 | 4 | 7 |

5 [ ] . [ ] + 4 [ ] . [ ]

100을 만드는 방법은 여러 가지 있어. 몇 가지나 찾았니?

20

2 다음 문제를 풀어 보세요.

기억하자!
만약 소수점을 없애고 계산했다면 답에는 잊지 말고 소수점을 꼭 찍어야 해요.

1 트럭이 10일 동안 1109.9km를 달렸어요. 매일 똑같은 거리를 달렸다면 하루에 달린 거리는 얼마인가요?

[   ] km

2 잭슨이 휴가를 가요. 공항에서 가방의 무게를 쟀더니 큰 가방은 3450.65g이었고 작은 가방은 730.39g이었어요. 잭슨의 가방 무게는 모두 얼마인가요?

[   ] g

3 다음 문제를 풀어 알맞은 스티커를 붙이세요.

33.95	125.37	3
9.12	127.28	157.23

다른 종이를 준비해서 계산해 봐.

1 합이 161.23이 되는 것은 무엇과 무엇인가요?

[   ] [   ]

2 차가 31.86이 되는 것은 무엇과 무엇인가요?

[   ] [   ]

3 곱이 27.36이 되는 것은 무엇과 무엇인가요?

[   ] [   ]

칭찬 스티커를 붙이세요.

체크! 체크!
올바른 곳에 소수점을 찍었나요? [ ]

문제를 다 푼 다음, 32쪽으로!

크기가 같은 수 문제

1 더 작은 수에 ○표 하세요.

1 0.5 $\frac{1}{5}$

2 $\frac{1}{4}$ 40%

3 30%   0.33

기억하자!
분수, 소수, 백분율로 동일한 값을
표현할 수 있어요.
예) $\frac{1}{2} = 0.5 = 50\%$

백분율을
100으로 나누면
소수로 바꿀 수 있어.

2 피자 한 판을 아래 그림처럼 먹었어요.

1 먹은 피자를 분수로
나타내세요.

2 남은 피자를 백분율로
나타내세요.

3 **1** 각 점수를 백분율로 나타내어 다음 표를 완성하세요.

시험	미술	체육	음악
점수	$\frac{24}{50}$	$\frac{11}{20}$	$\frac{35}{70}$
%			

2 가장 높은 점수를 받은 과목은 무엇인가요? _____

4 작은 수부터 차례대로 쓰세요.

15%	0.015	$\frac{2}{4}$	0.45	90%	$\frac{4}{5}$

5 다음 문제를 풀어 보세요.

기억하자!

여러 단계를 거쳐 풀어야 하는 문제가 있어요. 이런 문제는 중간에 멈추지 말고 끝까지 풀어야 해요.

1 에밀리는 3D 프린터로 3가지 색깔을 가진 블록 로봇을 만들었어요.

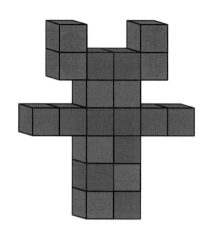

파란 블록의 수를 분수로 나타내세요.

빨간 블록의 수를 백분율로 나타내세요.

회색 블록의 수를 소수로 나타내세요.

2 같은 신발을 두 곳의 온라인 상점에서 팔고 있어요.

schoos.com

세일!
20%
할인

40000원

fabfeet.com

가격 하락!
$\frac{1}{4}$ 할인

42000원

어느 상점이 더 싼가요? _____

3 강아지, 고양이, 토끼의 몸무게의 합이 6kg이에요. 토끼의 몸무게는 전체의 25%이고 고양이의 몸무게는 전체의 $\frac{2}{5}$ 라면 강아지의 몸무게는 얼마일까요?

[   ] kg

칭찬 스티커를
붙이세요.

체크! 체크!
분수, 소수, 백분율을 정확히 변환했나요? [ ]

문제를 다 푼 다음, 32쪽으로!

시간 문제

기억하자!
하루는 24시간, 1시간은 60분,
1분은 60초예요.

1 다음 문제를 풀어 보세요.

1 모형 비행기를 만드는 데 대런은 11시간 43분 걸렸고
홀리는 687분 걸렸어요. 누가 더 빨리 만들었나요?

더 빨리 만든 친구는 얼마나 빨리 만들었나요?

분

2 레아는 오전 09:35에 출발하는 기차를 타야 하는데 기차역에 오전 08:52에 도착했어요.
기차가 출발할 때까지 얼마나 기다려야 하나요?

분

3 니키는 스마트 시계를 사기 위해 용돈을 모으고 있어요.
시계는 126000원이고 하루에 2000원씩 모으고 있어요.
니키는 용돈을 몇 주 모아야 시계를 살 수 있나요?

주

윤년에는
2월이 29일까지 있고
윤년이 아닌 해에는
28일까지 있어.

4 청은 매주 수요일에 수영장에 가요. 2월 첫째 날 수요일에
수영장에 갔어요. 청이 수영장에 가는 2월의 마지막 날은
언제인가요? 단, 윤년이 아니에요.

5 요트 경주에서 태풍 팀은 26일 7시간 만에 경주를 끝냈고
순풍 팀은 3주 5일 9시간 만에 경주를 끝냈어요. 어느
팀이 경주에서 이겼나요?

6 일 년에 31일까지 있는 달의 일수를 모두 더하면 며칠일까요?

일

2 에디의 6학년 시간표를 보고 문제를 풀어 보세요.

기억하자!

24시로 표시되는 시각에서 오후 시각을 나타내려면 오전 시각을 나타내는 수에 12를 더해요.

시간	월요일	화요일	수요일	목요일	금요일
8:55 - 9:15	독서	독서	독서	독서	독서
9:15 - 10:25	수학	체육	컴퓨터	영어	수학
10:25 - 10:45	휴식	휴식	휴식	휴식	휴식
10:45 - 11:40	영어	수학	영어	음악	영어
11:40 - 12:35	과학	역사	종교	수학	미술
12:35 - 13:30	점심	점심	점심	점심	점심
13:30 - 14:20	한국어	영어	수학	과학	디자인과 기술
14:20 - 15:20	미술	연극	체육	창의	과학
	방과 후 수업	축구 연습	방과 후 수업	환경 동아리 활동	크로스 컨트리 연습

1 일주일에 독서를 얼마나 하나요?

[   ] 시간   [   ] 분

2 일주일에 체육은 몇 분 하나요?   [   ] 분

3 에디는 월요일 점심시간에 치과에 갔어요. 점심시간이 끝나고 한 시간 후에 학교로 돌아왔어요. 에디가 돌아왔을 때는 무슨 수업을 하고 있을까요?

_____

4 화요일에 에디는 축구 연습에 가기 위해 수업이 다 끝나고 8분 후에 버스를 탔어요. 축구 연습장까지 가는 데 17분 걸린다면 축구 연습장에 언제 도착할까요?

[   ]

잘했어!

칭찬 스티커를 붙이세요.

5 에디는 하루에 얼마나 학교에 있나요?

[   ] 시간   [   ] 분

6 에디는 금요일 수업 시간 중에 25분간 기타 레슨을 받고 나서 미술 수업을 시작했어요. 기타 레슨을 시작한 시각은 언제인가요?

[   ]

체크! 체크!

24시로 표시되는 시각을 바르게 표시했나요?   [ ]

문제를 다 푼 다음, 32쪽으로!

측정 문제 (1)

1 다음 문제를 풀어 보세요.

기억하자!
문제를 잘 읽고 덧셈, 뺄셈, 곱셈, 나눗셈 중 어떤 것을 사용할지 결정하세요.

1 한 변의 길이가 126m인 정십이각형 모양의 들판이 있어요. 샘이 강아지를 데리고 들판의 둘레를 한 바퀴 산책했어요. 샘이 산책한 거리는 얼마인가요? km로 나타내 보세요.

정십이각형에는 똑같은 길이의 변이 12개 있어.

[_____] km

2 기침 물약이 한 병에 745mL 들어 있어요. 약 스푼에는 5mL를 담을 수 있고요. 기침 물약 한 병을 다 먹으려면 몇 스푼이 필요한가요?

[_____] 스푼

3 어미 말의 키는 1.65m이고 새끼 말의 키는 129cm예요. 엄마 말과 새끼 말의 키 차이는 얼마인가요? m로 나타내 보세요.

[_____] m

4 테이블의 무게는 4.59kg이고 의자의 무게는 3495g이에요.

테이블과 의자의 무게는 모두 얼마인가요? g으로 나타내세요.

[_____] g

2 다음 문제를 풀어 보세요.

기억하자!
답을 쓸 때 올바른 단위를 빠뜨리지 말고 쓰세요.

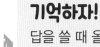

1 시안은 모래성 세 개를 쌓았어요.
첫 번째 모래성의 높이는 114cm이고 두 번째
모래성의 높이는 첫 번째 모래성보다 $\frac{1}{4}$m 더
낮아요. 그리고 세 번째 모래성은
두 번째 모래성보다 $\frac{1}{2}$m 더 높아요.
세 번째 모래성의 높이는 얼마일까요?
cm로 나타내 보세요.

2 계량컵에 오렌지주스가 그림과 같이 들어 있었어요. 그런데 조던이 $\frac{1}{8}$L를
엎질렀어요. 그러고 나서 맨 위 눈금까지 오렌지주스를 다시 넣었어요.
조던이 더 넣은 오렌지주스는 얼마인가요? mL로 나타내세요.

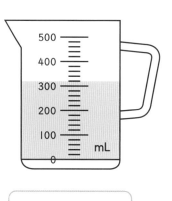

3 알라나가 펜잰스에서 인버네스까지 운전을
해요. 거리는 1136km예요. 알라나가
한가운데에서 한 번 멈추고 또 140km를
더 가서 멈췄어요. 인버네스까지 얼마나
남았나요? km로 나타내세요.

4 한 변의 길이가 5.56cm인 정삼각형과
한 변의 길이가 8.23cm인 정사각형을
오른쪽과 같이 놓았어요. 오른쪽 도형의
둘레는 얼마인가요? cm로 나타내세요.

잘했어!

칭찬 스티커를
붙이세요.

문제를 다 푼 다음, 32쪽으로!

측정 문제 (2)

1 다음 문제를 풀어 보세요.

기억하자!
단위를 정확하게 쓰는 것을 잊지 마세요.

1 스웨덴의 기온은 −7℃이고 프랑스의 기온은 스웨덴보다 10℃ 높아요. 프랑스의 기온은 얼마인가요?

2 시드니는 런던에서 10553km 떨어져 있어요. 오클랜드는 런던에서 11386km 떨어져 있고요. 시드니는 오클랜드보다 런던과 얼마나 더 가까운가요?

3 화물선의 컨테이너 한 개의 무게는 2350kg이에요. 컨테이너 9개의 무게는 얼마인가요?

4 음료수 한 병에 탄산음료가 1.5L 들어 있어요. 이것을 6개의 잔에 똑같이 나누어 담으려고 해요. 한 잔에 얼마씩 담아야 할까요? mL로 나타내세요.

1L가 1000mL라는 것을 기억하고 있지?

2 다음 문제를 풀어 보세요.

기억하자!
답에 알맞은 단위를 쓰는 것을 잊지 마세요.

1 파스타 길게 만들기 대회에서 한 요리사가 213mm의 면을 만들었어요. 이것을 더 늘려서 21배로 늘렸어요. 그런데 1945mm에서 끊어졌어요. 남은 파스타 면의 길이는 얼마인가요?

2 사이먼은 라제쉬보다 키가 25% 작고 몬티는 사이먼보다 40% 더 커요. 사이먼과 몬티의 키는 각각 얼마인가요?

140 cm

사이먼   라제쉬   몬티

사이먼 [   ]   몬티 [   ]

3 작은 우유병에는 우유 750mL를 담을 수 있고 큰 우유병에는 작은 우유병보다 50% 더 많이 담을 수 있어요. 큰 우유병에는 우유를 몇 L 담을 수 있나요?

4 임란은 고양이 세 마리를 키우는데 몸무게가 각각 3651g, 4124g, 5569g이에요. 고양이 세 마리 몸무게의 평균은 몇 kg인가요?

잘했어!

평균을 구하려면 고양이 몸무게를 모두 더한 다음 고양이 수로 나누면 돼.

칭찬 스티커를 붙이세요.

체크! 체크!
답에 정확한 단위를 잊지 않고 썼나요? [ ]

문제를 다 푼 다음, 32쪽으로!

혼합 문제

소수점이 어느 쪽으로 얼마만큼 이동했는지 잘 살펴봐.

1 앞의 수에 매번 같은 수를 곱했어요. 빈칸에 알맞은 수를 쓰세요.

892.51	89251	

2 다음 숫자 카드를 한 번씩만 사용하여 오후 8시에서 10시 사이의 시각을 표시하세요.

24시로 표시되는 시각을 표시할 때 어떻게 했는지 기억해 봐.

1	8	2	3

		:	

3 메뉴를 보고 문제를 풀어 보세요.

파스타 12250원

아이스크림 2490원

피자 8990원

마늘빵 900원

1 잉그리드는 파스타 1개, 마늘빵 2개, 아이스크림 1개를 주문했어요. 얼마를 내야 할까요?

| | 원 |

2 제이든은 피자 2판과 마늘빵 1개를 주문하고 20000원을 냈어요. 얼마를 거슬러 받아야 하나요?

| | 원 |

4 긴 시간을 나타내는 스티커부터 차례로 붙이세요.

[ ] > [ ] > [ ]

5 다음 문제를 풀어 보세요.

기억하자!
계산을 여러 번 해야 해요.

1 윌로는 물 5600mL를 가지고 있었어요.
이 중 10%를 쏟았어요. 남은 물은
얼마인가요?

2 컵케이크 8개의 무게는 488g이고 빵 9개의
무게는 1017g이에요. 컵케이크 한 개와
빵 한 개의 무게의 합은 얼마일까요?

[ ] mL

[ ] g

6 크기가 같은 분수가 있어요. x + y = z ÷ 2일 때 x, y, z 의 값은 각각 얼마일까요?

$$\frac{x}{y} = \frac{2}{3} = \frac{z}{30}$$

x: [ ]   y: [ ]   z: [ ]

Z의 값을
먼저 구해 봐.

칭찬 스티커를
붙이세요.

체크! 체크!
여러 번의 계산을 잘했나요? [ ]

문제를 다 푼 다음, 32쪽으로!

나의 실력 점검표

얼굴에 색칠하세요.

쪽	나의 실력은?	스스로 점검해요!		
2~3	자릿값 문제와 음수 문제를 풀 수 있어요.	☺	☺	☹
4~5	반올림 문제를 풀 수 있어요.	☺	☺	☹
6~7	덧셈 문제를 풀 수 있어요.	☺	☺	☹
8~9	뺄셈 문제를 풀 수 있어요.	☺	☺	☹
10~11	덧셈과 뺄셈 문제를 풀 수 있어요.	☺	☺	☹
12~13	곱셈 문제를 풀 수 있어요.	☺	☺	☹
14~15	나눗셈 문제를 풀 수 있어요.	☺	☺	☹
16~17	곱셈과 나눗셈 문제를 풀 수 있어요.	☺	☺	☹
18~19	소수 문제를 풀 수 있어요.	☺	☺	☹
20~21	소수와 관련된 여러 가지 문제를 풀 수 있어요.	☺	☺	☹
22~23	크기가 같은 수 문제를 풀 수 있어요.	☺	☺	☹
24~25	시간 문제를 풀 수 있어요.	☺	☺	☹
26~27	측정 문제를 풀 수 있어요.	☺	☺	☹
28~29	측정 문제를 풀 수 있어요.	☺	☺	☹
30~31	혼합 문제를 풀 수 있어요.	☺	☺	☹

너는 어때?

정답

1. 9760, 9800, 9875

2. 145397

3-1. 460393　　**3-2.** 471283　　**3-3.** 571394

4. 641921, 639921　　　　**5.** 6478362

3쪽

1-1. −14, 올바른 수는 −13　　**1-2.** −1, 올바른 수는 0

2. 필립: −12 −6 = −18

3.

+	−3	−1	2	3
−4	−7	−5	−2	−1
−2	−5	−3	0	1
−1	−4	−2	1	2

4. −7, −12, −17

5-1. 75.5　　　　　　**5-2.** −4.5

4~5쪽

1-1. 2394　　　　　　**1-2.** 2385

2. 52000 + 48000 = 100000

3.

반올림하여 10000의 자리까지	반올림하여 1000의 자리까지	반올림하여 100의 자리까지
50000	45000	45000
10000	11000	11400
0	4000	4000

4. 25290 − 반올림하여 백의 자리까지 − 25300

　　17401 − 반올림하여 만의 자리까지 − 20000

　　89123 − 반올림하여 십의 자리까지 − 89120

5-1. 84999　　　　　　**5-2.** 8200000

6. 1116500

7-1.

도시	반올림하여 이 뇌는 수 중 가장 작은 수	반올림하여 10000의 자리까지 나타낸 인구수	반올림하여 이 되는 수 중 가장 큰 수
첼튼엄	115000	120000	124999
셰필드	595000	600000	604999
맨체스터	2445000	2450000	2454999

7-2. 3000000

6~7쪽

1. 3452 + 4246 = 7698

2-1. 19726 + 4218 = 23944

2-2. 193785 + 26035 = 219820

도전해 보자! 439264 + 378675 = 817939

3-1. 1078951

3-2. 틀림.

　　(파리와 베를린의 차 3060951 > 런던의 차 3059410)

3-3. 런던과 빈　　　　**3-4.** 758802

8~9쪽

1. 4700 − 2900 = 1800(g) = 1.8(kg)

2-1. 2009 − 33 = 1976,

　　1976 − 28 = 1948

2-2. 22570 − 3750 = 18820

도전해 보자! 2334

(3333 − 999 = 2334, 3333 − 2334 = 999)

3-1. 정사각형(67039) − 평행사변형(41208) = 25831

3-2. 41208(평행사변형) − 3821(사다리꼴) = 37387,

　　37387 − 9196(원) = 28191

3-3. 틀림.: 950617(마름모) − 464510(정삼각형) = 486107,

　　486107 < 오십만(500000)

도전해 보자! 464510 − 26178 − 3821 = 434511

10~11쪽

1. 10.78 + 10.52 = 21.3, 42.6 − 21.2 = 21.4

　　21.3 < 21.4

2. 예) 5250 + 5000 − 250 = 10000

3-1. 85635 − 2462 + 1034 = 84207

3-2. 10km = 10000m, 10000 − 4395 − 3557 = 2048

3-3. 258320 − 15410 + 29560 = 272470

3-4. 632350 − 5631 + 43571 = 670290

3-5. 2300450 − 540300 + 1070950 = 2831100

도전해 보자! 155295 + 27695 = 182990,

요금의 10%: 182990 ÷ 10 = 18299,

182990 − 18299 = 164691

12~13쪽

1-1. 60 × 12 = 720　　　　**1-2.** 80

1-3. 예) 1200 × 70 = 84000

1-4. 30 × 15 = 450　　　**1-5.** 75 × 9 = 675

1-6. 350 × 200 = 70000(mL) = 70(L)

2-1. 365 × 4 = 1460

2-2. 32529947123523105103

14~15쪽

1-1. 참: 660 ÷ 11 = 60, 630 ÷ 9 = 70, 60 < 70

1-2. 3600 ÷ 12 = 300　　**1-3.** 6300 ÷ 90 = 70

1-4. 840 ÷ 7 = 120(초) = 2(분)

1-5. 42 ÷ 2 ÷ 3 = 7　　**1-6.** 1491 ÷ 7 = 213

2-1. 같음.: 770g ÷ 11 = 70g,

　　840g ÷ 12 = 70g

2-2. 바르게 계산한 몫 14.34 ÷ 6 = 2.39,

　　어떤 수 14.34 × 2 = 28.68

도전해 보자! 4356 ÷ 2 = 2178, 2178 ÷ 3 = 726

16~17쪽

1-1. 밀가루 651 ÷ 3 = 217, 설탕 348 ÷ 3 = 116

1-2. 1086 ÷ 6 = 181, 1086 + 181 = 1267

1-3. 644000 + 252000 = 896000,

$896000 \div 4 = 224000$,
$896000 - 224000 = 672000$

2-1. $32 \div 4 = 8$, $32 - 8 = 24$

2-2. $80 \times 15 \div 100 = 12$, $80 + 12 = 92$

2-3. $14.9 + 8.9 = 23.8$, $23.8 \div 10 = 2.38$,
$23.8 - 2.38 = 21.42$

2-4. $52 \div 4 = 13$, $13 \times 3 = 39$, $52 + 39 = 91$

18~19쪽

1. 예) $0.34 + 0.65 = 0.99$

2-1. 거짓   **2-2.** 참   **2-3.** 거짓

3-1. 0.621 **3-2.** 32.79

4-1. 2.57 **4-2.** 2.25 **4-3.** 5.85

4-4. 4.442 **4-5.** 3.049 **4-6.** 2.904

5. (맨 위부터) 96.268
36.804, 59.464
10.437, 26.367, 33.097

20~21쪽

1-1. $93.45 - 49.29 = 44.16$

1-2. $129.5 \times 6 = 777$

1-3. $88.4 \div 2 = 44.2$, $44.2 - 39.5 = 4.7$

도전해 보자! 예) $51.7 + 48.3 = 100$

2-1. $1109.9 \div 10 = 110.99$

2-2. $3450.65 + 730.39 = 4181.04$

3-1. 127.28, 33.95

3-2. 157.23, 125.37

3-3. 9.12, 3

22~23쪽

1-1. $\dfrac{1}{5}$ **1-2.** $\dfrac{1}{4}$ **1-3.** 30%

2-1. $\dfrac{2}{5}$ **2-2.** 60%

3-1. 48%, 55%, 50%

3-2. 체육

4. 0.015, 15%, 0.45, $\dfrac{2}{4}$, $\dfrac{4}{5}$, 90%

5-1. $\dfrac{4}{20}$ 또는 $\dfrac{2}{10}$ 또는 $\dfrac{1}{5}$, $\dfrac{9}{20} = 45\%$, $\dfrac{7}{20} = 0.35$

5-2. fabfeet.com:
schoos.com 40000원의 20%는 8000원
$40000 - 8000 = 32000$(원)
fabfeet.com 42000원의 $\dfrac{1}{4}$은 10500원
$42000 - 10500 = 31500$(원)

5-3. 2.1:
토끼 몸무게 6kg의 25%는 1.5kg
고양이 몸무게 6kg의 $\dfrac{2}{5}$는 2.4kg

강아지 몸무게 $6 - 1.5 - 2.4 = 2.1$(kg)

24~25쪽

1-1. 홀리, 16   **1-2.** 43

1-3. $126000 \div 2000 = 63$, $63 \div 7 = 9$

1-4. 2월 22일 수요일

1-5. 태풍 팀   **1-6.** $31 \times 7 = 217$

2-1. 1시간 40분   **2-2.** 130

2-3. 미술   **2-4.** 15:45

2-5. 6시간 25분   **2-6.** 11:15

26~27쪽

1-1. $126 \times 12 = 1512$(m) $= 1.512$(km)

1-2. $745 \div 5 = 149$

1-3. 1.65m $= 165$cm, $165 - 129 = 36$(cm) $= 0.36$(m)

1-4. 4.59kg $= 4590$g, $4095 + 3495 = 8085$

2-1. 139cm   **2-2.** 305mL

2-3. 428km   **2-4.** 49.6cm

28~29쪽

1-1. 3℃   **1-2.** 833km

1-3. 21150kg   **1-4.** 250mL

2-1. $213 \times 21 = 4473$, $4473 - 1945 = 2528$(mm)

2-2. 140cm의 25%는 35cm,
사이먼 $140 - 35 = 105$(cm)
105cm의 40%는 42cm,
몬티 $105 + 42 = 147$(cm)

2-3. 750mL의 50%는 375mL,
$750 + 375 = 1125$(mL) $= 1.125$(L)

2-4. $3651 + 4124 + 5569 = 13344$,
$13344 \div 3 = 4448$(g) $= 4.448$(kg)

30~31쪽

1. 8925100

2. 21:38

3-1. 16540   **3-2.** 1120

4. 180분 $>$ $2\dfrac{1}{2}$시간(150분) $>$ 7200초(120분)

5-1. 5600mL의 10%는 560mL
$5600 - 560 = 5040$

5-2. 174:
컵케이크 한 개 무게 $488 \div 8 = 61$(g)
빵 한 개 무게 $1017 \div 9 = 113$(g)
무게의 합 $61 + 113 = 174$(g)

6. $x = 4$, $y = 6$, $z = 20$

런런 옥스퍼드 수학

6-4 문제 해결

초판 1쇄 발행 2022년 12월 6일
글·그림 옥스퍼드 대학교 출판부 **옮김** 상상오름
발행인 이재진 **편집장** 안경숙 **편집 관리** 윤정원 **편집 및 디자인** 상상오름
마케팅 정지운, 김미정, 신희용, 박현아, 박소현 **국제업무** 장민경, 오지나 **제작** 신홍섭
펴낸곳 (주)웅진씽크빅
주소 경기도 파주시 회동길 20 (우)10881
문의 031)956-7403(편집), 02)3670-1191, 031)956-7065, 7069(마케팅)
홈페이지 www.wjjunior.co.kr **블로그** wj_junior.blog.me **페이스북** facebook.com/wjbook
트위터 @wjbooks **인스타그램** @woongjin_junior
출판신고 1980년 3월 29일 제406-2007-00046호
원제 PROGRESS WITH OXFORD: MATH
한국어판 출판권 ⓒ(주)웅진씽크빅, 2022 **제조국** 대한민국

웅진주니어는 ㈜웅진씽크빅의 유아·아동·청소년 도서 브랜드입니다.

ISBN 978-89-01-26545-2
ISBN 978-89-01-26510-0 (세트)

잘못 만들어진 책은 바꾸어 드립니다.
주의 1. 책 모서리가 날카로워 다칠 수 있으니 사람을 향해 던지거나 떨어뜨리지 마십시오.
      2. 보관 시 직사광선이나 습기 찬 곳은 피해 주십시오.